中国科普作家协会应急科普专委会
组织编写

防 灾 小 卫 士 绘 本

台风知识与应急避险

高路　周翔　张英　　著

董思萌　　　　插画

地震出版社

图书在版编目（CIP）数据

台风知识与应急避险 / 高路，周翔，张英著.--北京 ：地震出版社，2023.4（2024.1重印）

ISBN978-7-5028-5545-1

Ⅰ．①台… Ⅱ．①高… ②周… ③张… Ⅲ．①台风灾害－灾害防治－青少年读物 Ⅳ．①P425.6-49

中国国家版本馆CIP数据核字(2023)第026201号

地震版 XM 5712 / P （6368）

台风知识与应急避险

高路 周翔 张英 著
策划编辑：李肖寅
责任编辑：李肖寅
责任校对：凌樱

出版发行：地震出版社
　　　　　北京市海淀区民族大学南路9号　　　邮编：100081
　　　　　发行部：68423031　68467991　　　传真：68467991
　　　　　总编室：68462709　68423029
http://seismologicalpress.com
经销：全国各地新华书店
印刷：河北文盛印刷有限公司

版（印）次：2023年4月第一版　2024年1月第2次印刷
开本：787×1092　　1/16
字数：45千字
印张：2
书号：ISBN 978-7-5028-5545-1
定价：25.00元

小纹
小学三年级学生，喜欢科学，
梦想成为科学家，喜欢养植物
爸爸
公司工程师，从内陆地区调到沿海工作
妈妈
绘本作家，周末喜欢带领全家户外活动

说一说
小纹想去海边玩什么？
各用一句话说出来吧。

小纹：妈妈，真没想到我们因为爸爸的工作搬到海边来生活了，我太开心啦，我好喜欢海啊！

妈妈：是呀！我也特别开心，这样妈妈就可以每个周末都带你去海边接触大自然啦！

爸爸：嗯，既然我们来到了这座海滨城市，我们一家就好好地享受这里的生活吧！

强台风即将来袭，请各位市民做好防灾避险准备

　　小纹一家即将迎来海边生活的第一个周末，妈妈和小纹正在兴致勃勃地准备收拾户外出行的装备。爸爸站在窗边看着绚丽的晚霞。这个时候，电视里的天气预报传来一条信息：强台风即将来袭，请各位市民做好防灾避险准备。

小纹：妈妈，电视里说台风就要来了，还说这次台风很强。我们周末的计划是要泡汤了吗？

爸爸：来之前，这边公司里的同事就跟我说过，每年这个时候都会有台风过境，没想到这么快就被我们遇上了！

小纹：虽然周末没法出门，但是可以跟妈妈学习新知识，我还是很开心的！

妈妈：因为台风，我们周末出游的计划要取消了。小纹，妈妈以前读过很多关于自然灾害的书，里面讲到了台风，既然碰上了，妈妈正好给你讲讲有关台风的知识吧！

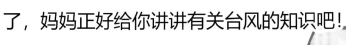

5

热空气和冷空气的气压是不同的。相同体积下，冷空气拥有更多的空气分子，所以它比热空气重，也有着更大的气压。

热空气冉冉上升，冷空气便趁势下降，去填补上升的空气。这样空气分子从高压的区域流动到低压的区域，就会形成风。

热带气旋就是生成在热带或副热带洋面上的螺旋状强风。世界上不同的地区，对热带气旋有着不同的称呼：西北太平洋地区叫"Typhoon—台风"；北大西洋、北太平洋东部及中部地区叫"Hurricane—飓风"；南太平洋、印度洋地区叫"Cyclones—旋风"，为了方便起见，在这里我们就统一管它们叫"台风"吧！

6

小纹：太有趣了！对于台风，我还有很多问题。妈妈，你能跟我说说吗？

妈妈：好啊，小纹。科学家最珍贵的品质就是好奇心。你问吧，妈妈会把知道的都告诉你。

小纹：台风是怎么样形成的呢？台风长什么样呀？

妈妈：台风的形成需要一个过程。海上的高温使海水迅速蒸发形成很多湿热空气，湿热的空气上升到空中形成云，云越积越多形成暴风雨，风在旋涡中心不断地吸入更多的气流。就像一个贪吃的宝宝，不断把周围的云吃到肚子里，最后形成了台风。

做一做
像小纹妈妈一样，
用装了水的瓶子模拟台风吧！

小纹：旋转的风转着转着就可以变成台风吗？

妈妈：它是产生在热带或副热带洋面上的低压涡旋，是一种强大而深厚的热带天气系统，当它开始旋转的时候，就有可能变成可怕的台风！其实台风啊，就是一个旋转着的暴风雨的大集合，科学上称为系统。对了，台风在北半球是逆时针旋转的，南半球是顺时针旋转的。

台风的一生

1.在热带或亚热带海域，气温升高，热空气上升，形成雷雨云。

2.最早的台风把新形成的云一朵接一朵地卷进来，随后，位于中心的台风就清晰可见啦！

3.等到台风中心风速达到最高，就会像奔涌而来的巨浪一样登陆。

4.登陆后，台风的能量逐渐耗尽，台风也就减弱、消失。

台风的命名是有规则的。世界气象组织台风委员会决定，西北太平洋和南海的热带气旋采用有亚洲风格的名字命名。14个国家和地区每个提供10个名字，形成一个命名表，这140个名字循环使用。如果有一个名字的台风造成了特别大的灾害，大家就把它的名字从命名表里除名，添加一个新的名字进来。台风的名字很有特色，有的叫杜鹃，有的叫喜鹊，还有叫悟空的。

台风带来的灾难是不言而喻的，强烈的暴风雨登陆后会吹倒岸边的树木，掀掉房子的屋顶、推倒围墙和电线杆。

除此之外，台风之所以可怕，还因为它会引发很多的次生灾害，比如洪水、山体滑坡和泥石流等地质灾害。

小纹：妈妈，看来人类已经很了解台风了！我们能不能依靠科学技术，阻止台风产生呢？比如用一架很大很大的飞机去驱散它？

妈妈：目前还不可以哦！我们人类尝试了很多很多方法，但是，台风的能量太强了，科学家还没有办法对付能量这么强的自然现象。我们人类目前能做的，就是充分了解台风。好好地躲避，保护好生命和财产是最重要的事。

卫星和气象局的观测

　　科学家是怎么追踪台风的呢？他们使用的工具是气象卫星。气象卫星被释放到宇宙中，按照特定的轨道围绕着地球运行，卫星可以收集关于风、温度和其他信息并发回气象局。科学家们用收集到的信息开始建模，形成一个台风的模型。通过模型，科学家们可以预测台风的强度，观测台风的走向，再把预测信息播报给千家万户。人们通过这些信息，得知台风什么时候来，厉不厉害，要怎么做才能避免遭受台风伤害。

妈妈：

根据台风的影响时间和风力强度，

台风预警由低到高分别用蓝色、黄色、橙色、红色表示，共四个等级。

台风蓝色预警表示24小时内平均风力达6级以上，或者阵风8级以上并可能持续。

台风黄色预警表示24小时内平均风力达8级以上，或者阵风10级以上并可能持续。

台风橙色预警表示12小时内平均风力达10级以上，或者阵风12级以上并可能持续。

台风红色预警表示6小时内平均风力达12级以上，或者阵风14级以上并可能持续。

爸爸：发布黄色、橙色或红色预警信号，就不能举行室内大型集会了，人们也绝对不能随便外出，要确保老人小孩留在家中最安全的地方，危房人员及时转移。

发布橙色或红色预警信号后，要及时停课、停业(某些特殊行业除外)，人们应当待在能够防风的安全地方；注意防范强降水可能引发的地质灾害。

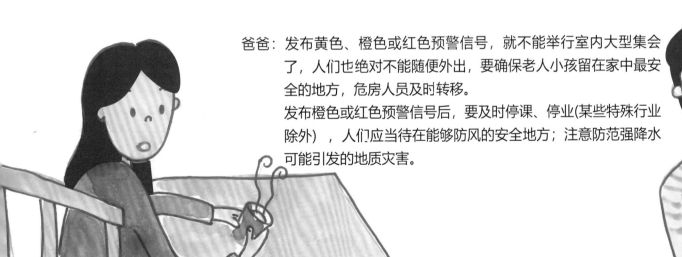

爸爸：爸爸单位的张叔叔给了我一个清单，没想到这么快台风就来了，这下派上用场了。

☐ 将自家附近的（临时）急救点熟记于心；

☐ 准备足够的水和粮食；

☐ 准备应急工具包，里面要装打火机、雨衣、绳索、头盔、多功能手电筒（可摇动发电的那种）等；

☐ 准备小药箱，内装碘伏等消毒药品；

☐ 必要时可让家里断电、关掉燃气设备；

☐ 紧闭门窗，要注意当10级以上大风来袭时，玻璃压力加大，可能把玻璃击碎，可以贴"米字形"胶带固定玻璃；

☐ 要及时处理或妥善安置自家阳台的花花草草，要把阳台上的花盆等物品搬进室内，以免台风来袭时高空坠物。

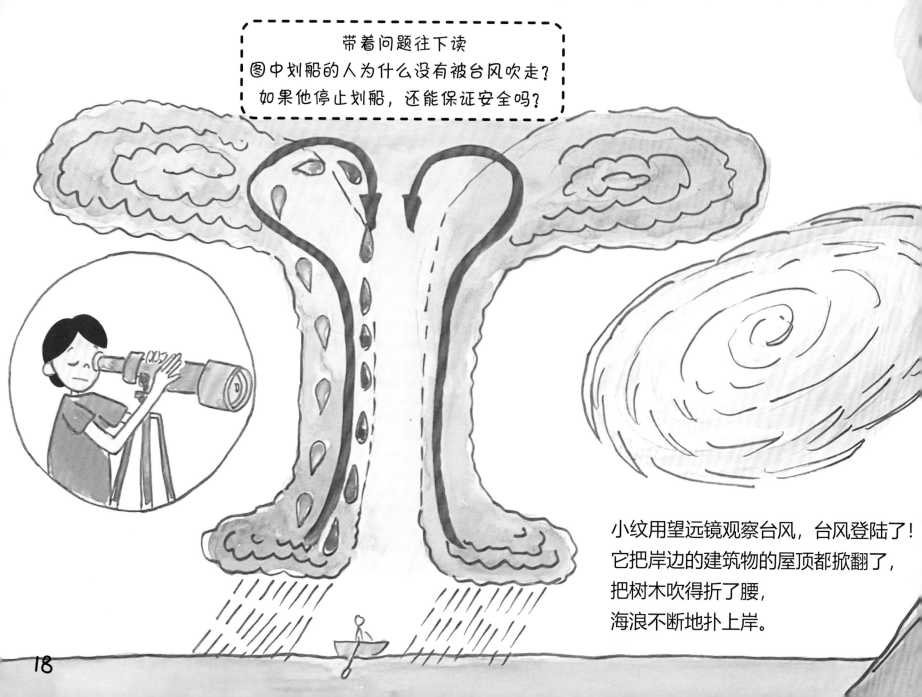

带着问题往下读
图中划船的人为什么没有被台风吹走？
如果他停止划船，还能保证安全吗？

小纹用望远镜观察台风，台风登陆了！
它把岸边的建筑物的屋顶都掀翻了，
把树木吹得折了腰，
海浪不断地扑上岸。

18

台风敲打着玻璃，呜呜作响。

台风带来的暴雨洗刷着路面，车辆看不见前行的路，停了下来。

小纹在观察的过程中，明显感觉到有一段时间，台风的风力变小了，过了一阵子又恢复到了之前风雨大作的状态。

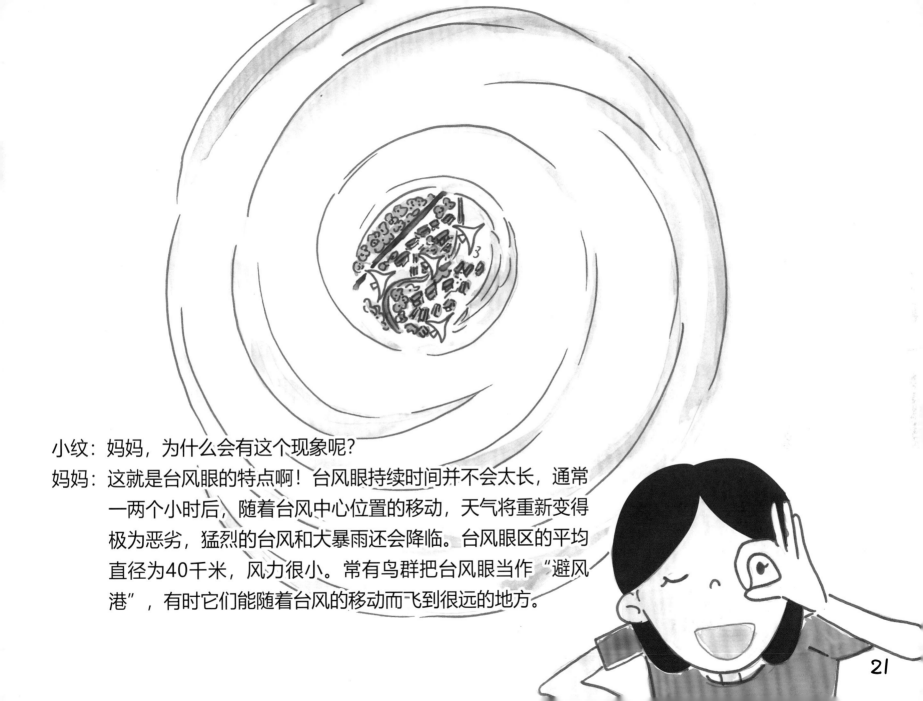

小纹：妈妈，为什么会有这个现象呢？

妈妈：这就是台风眼的特点啊！台风眼持续时间并不会太长，通常一两个小时后，随着台风中心位置的移动，天气将重新变得极为恶劣，猛烈的台风和大暴雨还会降临。台风眼区的平均直径为40千米，风力很小。常有鸟群把台风眼当作"避风港"，有时它们能随着台风的移动而飞到很远的地方。

21

台风给城市造成巨大损失

电视里播放着台风灾害后城市受灾的画面。还好，小纹一家做了充足的准备，没有受灾。

小纹：哇！第一次亲身经历台风，好特别的经历，大自然的脾气可真大！按照防灾清单做准备是真的很重要啊！

小纹：为什么我们以前从来没有遇到过台风呢？

妈妈：台风登陆的地方几乎遍及我国整个沿海地区，主要集中在浙江以南沿海，其中登陆次数最多的是广东沿海，约占1／3，接下来依次是台湾、海南、福建、浙江。我们之前住在内陆地区，所以不会经历这样的气候现象。

小贴士

从全球各地历年台风发生的情况看，在南北半球上，北半球发生的次数多于南半球，北半球约占3／4。在东西半球上，东半球又多于西半球。

发生台风最多的海区为西北太平洋，占全球台风的1／3，平均每年有28个左右，那里全年每个月都可能有台风出现，得了个"台风巷"的外号。

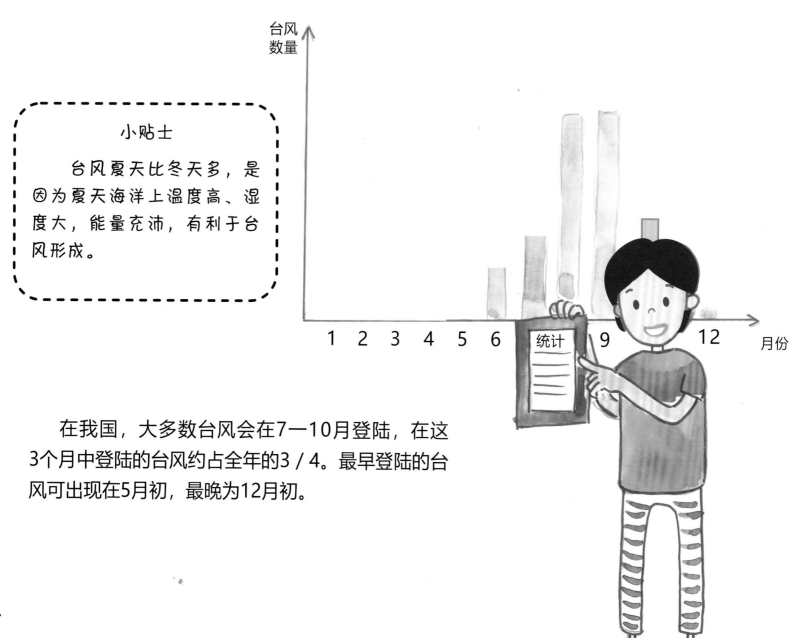

小贴士

台风夏天比冬天多，是因为夏天海洋上温度高、湿度大，能量充沛，有利于台风形成。

在我国，大多数台风会在7—10月登陆，在这3个月中登陆的台风约占全年的3／4。最早登陆的台风可出现在5月初，最晚为12月初。

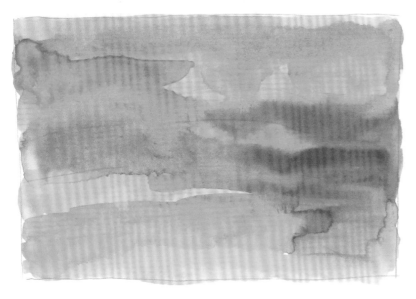

科学家仔细观测了台风现象。

他们发现，在台风来临之前，常常会有高云出现：天空高处出现白色羽毛状卷云，并逐渐增厚。

同时会出现特殊晚霞。

小纹：哦！就是上周末晚上爸爸站在
　　　窗台边时我们看到的！

台风来临的时候，一定要注意以下几点：

①尽量不要在台风天外出，如果狂风呼啸、暴雨倾盆，而你正身处室外，千万不要慌张。可以到超市、银行、餐馆、地铁站等公共场所躲避，等风雨小了再走。

②不能将衣服套在头上，雨伞不要打得太低：因为衣服和过低的雨伞不仅抵挡不住大风，还会遮挡视线，妨碍行动，甚至引发交通事故。

③不能在大风中乱跑，走在建筑物密集的街道时，要特别注意高空坠物或被大风吹飞的物品，避免被砸伤。

发生了洪水、滑坡、泥石流，该怎么逃生？首先应镇静，不要惊慌失措。

洪水来临时，要寻找一切可以救生的物品逃生：空的饮料瓶、木酒桶和塑料桶都具有一定的漂浮力，可以捆扎在一起应急；足球、篮球、排球的浮力都很好；树木以及桌椅板凳、箱柜等木质家具都有漂浮力。

如果遇到滑坡，要向滑坡体的两侧跑，跑的方向要垂直于滑坡的方向，与滑坡方向平行着，向上或向下跑都是很危险的。当遇到无法跑离的高速滑坡时，可以努力在原地抱住大树等物体，能爬上去就更好了。

在泥石流曾经流经的地方，还有泥石流碎屑大量淤积的地方，只要听到泥石流的轰鸣声，应立即选择最短、最安全的路径，向主沟道两岸的山坡或高地迅速转移。

27

妈妈：我们说了那么多台风给我们带来的灾害，其实台风作为
一种自然现象，也是有好处的！
台风给中国沿海、印度、东南亚和美国东南部等地区带
来了大量的雨水，约占这些地区总降水量的1/4以上，
对改善这些地区的淡水供应状况和生态环境都有十分重
要的意义，还有利于水力发电，节约煤炭资源。
台风还使地球保持着冷热相对均衡。如果没有台风，热
带会更热，寒带会更冷，温带也会从地球上消失。

小纹：虽然这周末咱们家没法去海边玩，但是听妈妈一讲，我从一开始的害怕台风，进步到已经不害怕它了，而且我还懂得了台风来的时候该怎么保护自己。妈妈你知道吗？我觉得我以后也可以很勇敢地面对台风了。

妈妈：太好了！大自然的威力太大了，我们要把自己保护好。好好开始我们的新生活吧，还有很多东西等着你去探索呢！

爸爸：小纹，我今天也跟着妈妈学到了很多关于台风的知识，我非常开心。我们一家人在海边城市的生活肯定非常惬意！

家 庭 小 实 验

A.热空气上升观察小实验

① 在一个玻璃瓶嘴上套一个气球。

② 把套好气球的玻璃瓶放入盆里,在盆里倒入热水,观察气球的变化。

科学小揭秘:
热水让瓶内空气受热膨胀,热量让空气分子变得稀疏,热空气分子上升。

B.旋转的纸条

① 在一张纸上画上螺旋线条,在螺旋的中心点处扎一个小洞,用剪刀沿着线条剪出一个螺旋形纸条,用一根线穿过小洞,提起纸条。

② 点燃一支蜡烛,将小纸条放在蜡烛的上方,观察纸条的变化。